玉米螟绿色防控
实用技术

许 月 主编

中国农业科学技术出版社

图书在版编目（CIP）数据

玉米螟绿色防控实用技术/许月主编.—北京：
中国农业科学技术出版社，2016.5
ISBN 978-7-5116-2603-5

Ⅰ.①玉… Ⅱ.①许… Ⅲ.①玉米螟－病虫害防治
Ⅳ.①S435.132

中国版本图书馆CIP数据核字（2016）第097538号

责任编辑　姚　欢
责任校对　马广洋

出 版 者　中国农业科学技术出版社
　　　　　北京市中关村南大街12号　邮编：100081
电　　话　（010）82106636（编辑室）（010）82109704（发行部）
　　　　　（010）82109702（读者服务部）
传　　真　（010）82106631
网　　址　http://www.castp.cn
经 销 者　各地新华书店
印 刷 者　北京科信印刷有限公司
开　　本　889mm×1194mm　1/32
印　　张　2
字　　数　40千字
版　　次　2016年5月第1版　2016年5月第1次印刷
定　　价　28.00元

《玉米螟绿色防控实用技术》

主　　编　许　月

副主编　蔡大旺　李红梅　金素荣　赵荧彤

　　　　曹秀君　陈佳广

参编人员　（参编人员按姓氏笔画排序）

马兆宜　牛继瑶　王艳霞　白　昆

史大庆　包素华　刘立国　宋　健

李效禹　李明熹　张　伟　邢　军

何　顾　陈　兴　周　雷　周　颖

孟祥权　杨晓辉　杨　彪　杨　明

苗子余　赵育新　贾　兰　鲁旭鹏

黄　建　董钦鹏　彭　超

前言

　　玉米是我国重要的粮食作物，种植面积和总产均居第一。玉米产量的高低，决定着国家的粮食安全。玉米螟是玉米第一大害虫，发生面积占玉米病虫害发生面积的 20%~30%，玉米螟为害常年造成 10%~30% 的产量损失，严重时可达 50% 以上，还可造成玉米籽粒霉变，影响玉米品质。

　　玉米也是辽宁省锦州市第一粮食作物，全市每年种植面积约 500 万亩[*]，约占

_____

* 　1 亩 ≈ 667 米²；15 亩 ＝ 1 公顷。全书同

粮食作物总面积的 85%。而玉米螟是制约锦州市玉米产量及质量提升的重要瓶颈，对玉米高产稳产构成了严重威胁。为落实 2014—2016 年辽宁省区域性玉米螟绿色防控项目实施方案的部署，提高农作物病虫害统防统治和生物防治的规模化、组织化水平，有效降低病虫灾害给农业生产带来的损失，保障玉米生产安全和质量安全。因此，特编写此书，旨在宣传、普及和推广玉米螟绿色防控技术。

本书内容是锦州市玉米螟绿色防控项目实施的具体体现，具有针对性、实用性和先进性。由于时间仓促，水平有限，错误在所难免，敬请读者和同行批评指正。

编　者

2016 年 4 月

目 录

第一章
玉米螟的田间识别和发生规律

一、玉米螟为害特点

玉米螟一直是为害玉米生产的重要生物灾害。受气候变暖因素的影响，玉米螟呈现出日趋加重的发生态势，严重威胁着粮食稳产和农产品质量安全，玉米螟主要为害作物有玉米、高粱、谷子和棉花等，其中，玉米受害减产最重。玉米螟以幼虫为害，心叶期取食叶肉、咬食未展开的心叶，造成"花叶"状（图1）。抽穗后蛀茎为害（图2），蛀孔处遇风折断对产量影响更大。还可直接蛀食穗部和嫩粒（图3和图4），并招致霉变降低品质。据调查，如不有效控制，一般发生年春玉米可减产10%，大发生年可超过30%。因此，有必要开展区域性玉米螟绿色防控，以保障玉米生产安全及产品质量为核心，以玉米螟生物防治技术为支撑，全程应用生物防治、理化诱控等非化学防控技术，使玉米螟防控完全实现无化学农药投入。大幅度降低玉米螟为害，减少虫害造成的粮食损失，对保障玉米生产安全和质量安全，提高玉米综合生产能力，实现粮食稳步增产和农民持续增收，具有十分重要的意义。

玉米螟为害状

图 1　为害叶部症状（排孔）

图 2　为害茎部症状

图 3 为害雄穗症状

图 4 为害雌穗及花丝症状

二、玉米螟生活史

玉米螟在锦州地区每年发生 2 代，以老熟幼虫在玉米秸秆及根茬内越冬。成虫昼伏夜出，有趋光性（图 5）。成虫将卵产在玉米叶背中脉附近，每块卵 20~60 粒，每雌虫可产卵 400~500 粒（图 6）。卵期 3~5 天。幼虫 5 龄，历期 17~24 天。幼虫有吐丝下垂习性，并随风扩散或爬行扩散，钻入心叶内啃食叶肉，只留表皮。1~3 龄幼虫群集在心叶喇叭口及雄穗中为害。幼虫发育到 4~5 龄，开始向下转移，蛀入雌穗，影响雌穗发育和籽粒灌浆（图 7）。幼虫老熟后，即在玉米茎秆、苞叶、雌穗和叶鞘内化蛹（图 8 至图 10），蛹期 6~10 天。玉米螟越冬代幼虫于次年 5 月中下旬开始化蛹，6 月上中旬为化蛹盛期。第一代玉米螟卵的始见期为 6 月上旬，盛发期为 6 月中下旬；第二代玉米螟田间落卵始期为 7 月底至 8 月上旬，8 月上中旬为二代卵盛期。

玉米螟虫态

图 5　玉米螟成虫

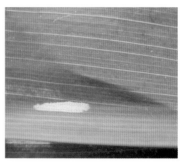

图 6　玉米螟卵

图 7　玉米螟幼虫

图 8　越冬代玉米螟蛹

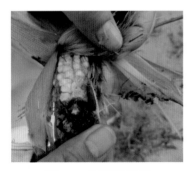

图 9　一代玉米螟蛹

图 10　一代玉米螟蛹

三、影响玉米螟发生的主要因素

1. 虫口基数

上一代虫口基数的多少，是影响玉米螟为害轻重的重要因素。虫口基数大，在环境条件适宜的情况下，往往造成严重的为害。

2. 温湿度

玉米螟适于高温高湿条件下生长发育。各个虫态生长发育的适温为 20~30℃，相对湿度 60% 以上。玉米螟主要发生在 6 — 9 月，温度适宜，雨水调和的年份，发生严重。

3. 玉米品种

玉米品种不同，被害差异很大。玉米组织中存在一种抗螟物质丁布，成虫将卵产于丁布含量高的玉米品种上，其孵化的幼虫死亡率很高。另外，由于玉米组织形态不同，可避免成虫产卵而减轻螟害，如叶面茎秆上的毛长而密，则螟害很轻。因此，玉米品种不同，玉米螟的种群数量和玉米受害程度均不相同。

4. 天敌

玉米螟的天敌种类很多，但对玉米螟抑制作用较大的是赤眼蜂。

赤眼蜂寄生于玉米螟卵中，使卵不能正常孵化，或孵化的幼虫不能正常生长，降低螟虫为害。

第二章
玉米螟绿色防控技术

玉米螟绿色防控技术模式，概括起来是："一个理念，两个模式，三道防线，五项技术"。

贯彻一个理念：即"绿色技术，综合治理"，就是全程采用非化学防治的绿色防控技术，根据防治指标和发生程度级别，综合考虑防治成本、防治效果和防控目标，提出科学防控技术模式，实现真正意义上的综合治理。

推行两个管理模式：即防控区域分级管理模式和防控措施目标管理模式。

设置三道防线：第一道防线是诱杀成虫；第二道防线是寄生虫卵；第三道防线是灭杀幼虫。

主推五项技术：即白僵菌封垛灭杀越冬幼虫、杀虫灯诱杀成虫、性诱剂诱杀成虫、赤眼蜂寄生虫卵、高杆喷雾机喷洒生物药剂防治幼虫。

一、应用白僵菌封垛杀灭玉米螟越冬幼虫

该项防控技术是根据玉米螟越冬代幼虫在春季化蛹前活动取水的特性，利用白僵菌寄生在玉米螟虫体

上致其死亡（图 11 和图 12），达到压低玉米螟虫源基数的目的。

1. 确定适宜的封垛时间

4 月上中旬开始剖秆调查玉米螟发育进度，发现有越冬幼虫爬出洞口开始活动，即可进行封垛。封垛工作在 5 天内结束。

2. 封垛方法

可使用担架式封垛专用型机动喷雾机（也可用喷洒除草剂的机器改装）。将菌液注入担架式机动喷雾机容器中，垛侧面按每平方米 1 个点，将机动喷雾器喷管插入垛中 50 厘米以上喷施（图 13 和图 14），垛顶部均匀喷雾，喷全喷到，要求喷淋点均匀分布在茬口侧面。

3. 注意事项

一是为保证防治效果，秸秆垛必须喷透，不漏垛。二是由于白僵菌对家蚕、柞蚕染病力强，蚕区切勿使用。三是白僵菌处理过的秸秆牲畜、家禽禁止食用。四是由于人体接触白僵菌粉过多，会产生过敏性反应，施用时注意皮肤的保护，如戴口罩、手套，脖子系上毛巾等。

白僵菌封垛防治玉米螟

图 11　白僵菌寄生后的僵虫

图 12　白僵菌寄生后的僵虫

图 13 白僵菌封垛

图 14 白僵菌封垛

二、应用杀虫灯诱杀成虫

杀虫灯诱杀成虫原理：频振式杀虫灯利用害虫较强的趋光、趋波、趋色、趋性信息的特性，将光的波段、波的频率设定在特定范围内，近距离用光、远距离用波，加以害虫本身产生的信息，引诱成虫扑灯，灯外配以频振式高压电网触杀，使害虫落入灯下的接虫袋内，达到杀灭害虫的目的。

杀虫灯应设在村落中或玉米田周边、杂草田等地，根据防治面积和每盏灯的控制面积设置安灯间距（图15和图16）。可将灯固定在2米长的木棒上，灯底座距地面高度1.5米为宜。根据越冬代玉米螟成虫羽化的始末期安排开灯时间，从玉米螟羽化的初期开始，到羽化末期结束（5月上旬开始至9月）。一般在晚上开灯，第二天凌晨关灯；设专人管理，每天按时开关电源，每3~5天用刷子刷掉灯网上的死虫，将接虫袋里的虫子倒出，保证杀虫灯的正常使用。注意阴天或雨天不要开灯，以防止人、畜触电。

杀虫灯诱杀玉米螟成虫

图 15　频振式杀虫灯
　　　　诱杀玉米螟成虫

图 16　频振式杀虫灯
　　　　诱杀玉米螟成虫

三、应用性诱剂诱杀成虫

性诱剂（性信息素诱杀剂）杀虫原理：是利用昆虫的性外激素，引诱同种雄性昆虫达到诱杀或迷向的作用，影响正常害虫的交尾，从而减少其种群数量，达到防治的效果。

诱捕器的安装方法：在越冬代或一代玉米螟成虫羽化的始期安装性诱捕器。选择玉米螟专用诱芯和干式诱捕器。选择玉米螟成虫活动场所，如玉米垛、玉米田周边豆田、水田及杂草地等玉米螟栖息地放置诱捕器（图17至图20）。村屯诱杀每隔20米放置1个诱捕器，田间诱杀每亩放置1个诱捕器。安装诱捕器时，先用螺丝钉将诱捕器外壳固定成筒状，再将集虫漏斗尖端朝内放入诱捕器中，旋转固定好。将诱芯放入诱芯杆（毛细管形诱芯呈"S"形放置，就是先把诱芯从诱芯杆中间的大圆孔穿过后，再将两端分别从两边小孔穿出，最后使诱芯呈"S"形；橡皮头形诱芯则放在诱芯杆中间的大圆孔中夹住）。然后将诱芯杆固定到集虫漏斗内诱芯杆放置处。取配带的架杆或一根长150厘米左右的木棍或竹竿，将诱捕器固定在一端，另一端插入地下，诱捕器诱虫口距地面 1.0~1.2 米。诱芯 6 周更换一次。

性诱剂诱捕器诱杀玉米螟成虫

图 17　性诱剂诱
　　　　捕器外观

图 18　性诱剂诱捕器诱杀玉米螟成虫

图19 性诱剂诱捕器诱杀玉米螟成虫

图20 性诱剂诱捕器诱杀玉米螟成虫

四、应用赤眼蜂防治一代玉米螟

　　赤眼蜂是自然界一类寄生性天敌，体长只有 0.5 毫米，因为它的复眼是红色，所以叫赤眼蜂（图 21）。赤眼蜂在自然界的种类很多，现在应用的防治玉米螟的赤眼蜂是松毛虫赤眼蜂。一般在玉米螟成虫产卵始期，向田间放置蜂卡和人工释放赤眼蜂，赤眼蜂将卵产在玉米螟卵内，使虫卵不能孵化成幼虫（图 22 至图 28），达到防治玉米螟的目的。释放于田间的赤眼蜂在经过 10~12 天后，子代蜂羽化后，继续寻找新的玉米螟卵寄生。确定释放赤眼蜂最佳时期，做好虫情预报是关键。应根据当地越冬代幼虫的羽化进度，根据虫情调查情况，制订放蜂计划，保证蜂卵相遇。

赤眼蜂防治玉米螟

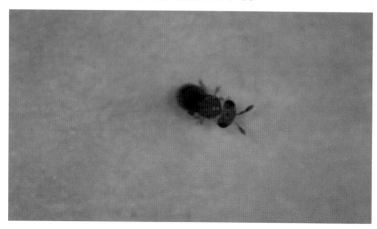

图 21　显微镜下的赤眼蜂

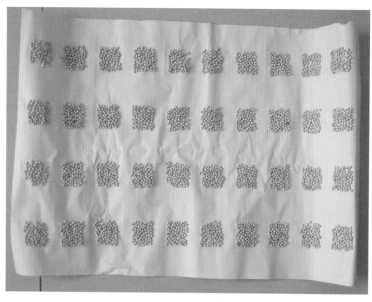

图 22　赤眼蜂蜂卡

图 23 正在出蜂的赤眼蜂蜂卡

图 24 出蜂后的蜂卡

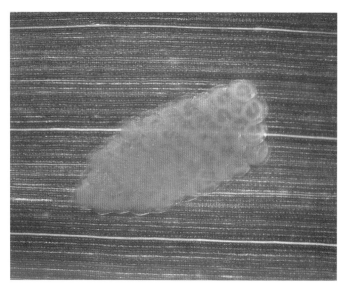

图 25 显微镜下的玉米螟卵

图 26 显微镜下被赤眼蜂寄生的玉米螟卵

图 27　显微镜下蜂卡卵粒里赤眼蜂正在羽化

图 28　田间被赤眼蜂寄生的玉米螟卵块

23

图29 田间统一释放赤眼蜂

赤眼蜂防治一代玉米螟操作技术（图29至图33）：①释放时间：在越冬代玉米螟化蛹率达20%时，后推10天（或田间百株卵量达到1~2块时），为第一次放蜂时期。一般在6月中下旬，间隔5~7天放第二次，共放2次。②释放蜂量：每亩2万头，分2次释放。即第一次1万头，第二次1万头。③释放方法：以距田边15步，边行15垄为第一放蜂点。并以此放蜂点依次间隔30步、30垄为下一个放蜂点（图34），在放蜂点处选一棵玉米植株，将一片中部叶片下卷成筒状，用木质牙签或秸秆皮将蜂卡卵面朝外别在筒内叶脉中部（图35）。

田间放蜂

图 30 专业技术人员田间指导放蜂技术

图 31 专业技术人员田间指导放蜂技术

图 32 专业技术人员田间指导放蜂技术

图 33 专业技术人员田间指导放蜂技术

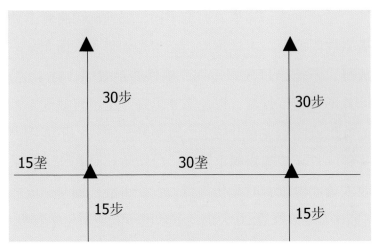

图 34　蜂卡投放布点示意图

图 35　玉米叶片固定赤眼蜂蜂卡

　　注意事项：蜂卡要固定牢固，如遇雨可将蜂卡放置室内阴凉处，次日再放；必须做到集中大面积统一放蜂，不能错过放蜂适期，确保防治效果。挂卡时，叶片不可卷得过紧，以免影响出蜂。更不可放到玉米心叶里或随意夹在叶腋上，以免蜂卡失效。不能用大头针、竹牙签等物固定蜂卡，以防收获时扎伤玉米采收人员或做饲料时扎伤牛胃，发生事故。同时，放蜂前10天至放蜂后20天内，玉米田不能施用化学农药，避免杀伤赤眼蜂，影响防治效果（图36和图37）。

图36　田间防效调查

图 37　田间防效调查

五、应用现代植保机械喷施新型农药防治幼虫

在玉米螟重发区应用自走式高秆喷雾机等先进植保作业器械田间喷施新型药剂，可有效防治第一、第二代玉米螟幼虫（图38和图39）；在一些具备航空作业条件的地区也可利用飞机防治方式喷施 Bt 制剂。Bt 制剂应选择油悬浮剂剂型，既可以显著提高防螟效果，又可以有效降低田间施药作业成本。

应用现代植保机械喷施生物农药防治玉米螟

图 38　应用自走式高杆喷雾机喷施苏云金杆菌防治玉米螟

图 39　应用自走式高杆喷雾机喷施苏云金杆菌防治
二代玉米螟幼虫

第三章
玉米螟绿色防控田间监测技术

及时准确地预测预报和全面公平评估玉米螟绿色防控效果，是锦州市玉米螟绿色防控工作的关键。因此，锦州市植保植检站按辽宁省玉米螟绿色防控项目工作方案要求，规范锦州市玉米螟绿色防控测报及防效田间监测技术，确保合理性和真实性。我们按 10 万亩玉米设 1 个监测点，合理布局，实现网格化监测。依据预测预报，确定最佳的防治时期，保证玉米螟活动取水期白僵菌封垛、成虫羽化期杀虫灯或性诱剂诱捕器诱杀、卵高峰期赤眼蜂与虫卵相遇，提高玉米螟绿色防控效果。玉米螟虫情动态，通过植保信息、电视、网络、手机短信、电话等方式及时准确上传下递，提高病虫情信息和防治技术的入户率和到位率。

一、白僵菌封垛前玉米螟发育进度调查

调查玉米螟发育进度时间为 4 月 5 日，5 天调查 1 次，至开始封垛为止（图 40 和图 41）。每个测报点所在乡镇调查 2 个村，每个村调查 5 个垛（按村中东、西、南、北、中分布取垛），对秸秆垛分东、西、南、北、中取 5 点，各剖秆 20 株，总计每垛 100 株，记载表中所列项目数，发现有玉米螟越冬幼虫活跃活动，开始从秆内爬出取水即可进行封垛。结果记入表 1。

图40　玉米螟发育进度调查

图41　玉米螟越冬幼虫

表 1　白僵菌封垛前玉米螟发育进度调查

调查日期（月/日）	调查地点	剖秆数	有无玉米螟幼虫开始从垛中爬出取水	有虫数（头）				其他自然因素死亡虫数
				总计	活跃活动虫数	活动虫数	未活动虫数	

二、白僵菌封垛僵虫率调查

在封垛 20~30 天后，对白僵菌封垛和对照垛进行僵虫率调查（图 42 和图 43），每个测报点所在乡镇调查 2 个村，每个村调查 3 个采用白僵菌封垛的秸秆垛，每垛调查分东、西、南、北、中取 5 点，各调查 100 株。隔 5 天调查 1 次，调查 3 次。结果记入表 2。

图 42　白僵菌封垛后僵虫率调查

表 2　白僵菌寄生率调查

调查日期 （月/日）	处理	活虫 （头）	白僵菌寄生 （头）	其他原因死亡 虫数（头）	活蛹、死蛹、 蛹壳（头）	僵虫 率（%）
	垛1					
	垛2					
	垛3					
	对照					
	垛1					
	垛2					
	垛3					
	对照					
	垛1					
	垛2					
	垛3					
	对照					

注：僵虫率（%）＝[僵虫数÷（活虫数＋僵虫数＋其他死亡虫数＋蛹数）]×100

图43 白僵菌封垛后被寄生的僵虫

三、玉米螟冬后虫量及存活率调查

通过冬后（在4月中旬、5月中旬）剖秆调查，掌握冬后虫量、及越冬存活率，初步预测当年发生程度。各测报点每点2个村，每个村调查不同存放条件下的5个垛，每垛（上中下取秆）不少于100秆，检查的虫数不少于30头。结果记入表3。

表 3 玉米螟冬后虫量及存活率调查

调查日期（月/日）	调查地点	调查点数（个）	调查秆数（秆）	活虫数（头）	死虫数（头）	死亡原因（头）					平均百秆活虫数（头）	存活率（%）	备注
						蜂寄生	蝇寄生	真菌寄生	细菌寄生	其他			

注：区别幼虫死亡原因：虫体僵硬，外有白色或绿色粉状物的为真菌寄生；发黑、软腐的为细菌寄生；出现丝质绒茧的为蜂寄生；出现蝇蛹的为蝇寄生。

四、玉米螟化蛹、羽化进度调查

为确定放蜂适期，剖秆调查玉米螟化蛹、羽化进度（图44和图45），5月10日起，每3天调查上报1次化蛹率和羽化率，到化蛹率达到70%时止，每个测报点2个村，每个村调查不少于5个垛，每垛上中下取秆，剖检出活幼虫、蛹和蛹皮不少于20头。当玉米螟化蛹率达到20%时，后推10天左右为第一次放蜂时期，同时各地区根据本地实际情况，及时与蜂厂联系，安排暖蜂。结果记入表4。

图44　玉米螟化蛹率调查

表4 玉米螟化蛹和羽化进度调查

调查日期（月/日）	调查地点	调查点数（个）	调查秆数（秆）	虫数（头）				化蛹率（%）	羽化率（%）	备注
				活幼虫	活蛹	死蛹	蛹壳			

注：死蛹不动，色深暗，无光泽。注意剔除老蛹皮。

化蛹率（%）=[（活蛹+蛹皮+死蛹）÷（活幼虫+活蛹+蛹皮+死蛹）]×100

羽化率（%）=[蛹皮÷（活幼虫+活蛹+蛹皮）]×100

图 45 玉米螟化蛹率调查

五、玉米螟性诱捕器诱杀情况调查

5 月 10 日安装玉米螟性诱剂诱捕器。每个县（市）、区每个测报点调查 3 个村，每个村调查 3 个诱捕器，3 天调查 1 次诱捕器内诱到的成虫数量（图 46 和图 47）。结果记入表 5。

图46 性诱性诱捕器村屯诱杀成虫调查

图47 性诱性诱捕器田间诱杀成虫调查

表 5　玉米螟性诱剂诱捕器诱杀情况调查

调查日期（月/日）	乡镇	代别	玉米品种	诱捕器诱测到成虫数量（头）									气象情况	备注
				村名：			村名：			村名：				
				1	2	3	1	2	3	1	2	3		

六、玉米螟田间卵消长调查

为准确达到田间蜂卵相遇和方便调查卵寄生率（图48和图49），从6月1日至7月15日起，选长势高茂和一般的玉米地各一块，每块不少于15亩。按双对角线5点取样，每点固定20~40株，共100~200株，做好标记，每3天调查上报1次卵量。逐棵逐叶仔细查找卵块，发现卵块，随即记载，并用记号笔划印圈以作记号。以免下次调查重复，并留做观察寄生情况。田间百株卵量达到1~2块时为第一次放蜂时期。结果记入表6。

图48　玉米螟田间卵消长调查

表6　玉米螟田间卵消长调查

调查日期（月/日）	调查地点	玉米品种	调查株数（株）	卵块数（块）			百株块数（块）	平均卵粒数（粒）	气象情况	备注
				正常	田间自然寄生卵	田间自然寄生率（%）				

注：半数以上卵块变黑为寄生卵块，不足半数为正常。

图49　玉米螟田间卵消长调查

七、玉米螟卵寄生率调查

为掌握田间放蜂防治效果，末次放蜂10~15天后，在放蜂区随机选取3个地块样点，在对照区随机选取2个地块样点，每个样点调查玉米螟卵块20~30块。采回后分别放置培养皿内发育2~3天后，待卵粒全部变黑或出蜂、玉米螟幼虫孵化后，计算卵校正寄生率（图50和图51）。结果记入表7。

防治效果计算公式：

卵块寄生率（%）=被寄生卵块数÷（被寄生卵块数＋未被寄生卵块数）×100

校正寄生率（%）=（放蜂区卵块寄生率 – 对照区卵块寄生率）÷（1 – 对照区卵块寄生率）× 100

图 50 玉米螟卵寄生率调查

图 51 玉米螟卵寄生率调查

表 7 玉米螟卵寄生率调查

处理	调查日期 (月/日)	调查 地点	玉米 品种	调查卵 块数 (块)	正常卵 块数 (块)	寄生卵 块数 (块)	寄生率 (%)	校正 寄生 率(%)	备注
放蜂区									
对照区									

八、防效调查

防效调查，保证取样数量和样点区域分布合理。各县选择当地玉米主栽品种乡镇 3~5 个，每个乡镇调查 3 个村，每个村调查 3 块地，按照棋盘式法每块地取 5 点，每点调查 50 株玉米，调查记录玉米植株的茎秆、雌穗、叶等被害情况，同时在未防治的空白对照区采用相同方式进行调查（图 52 和图 53）。结果记入表 8。

防治效果计算公式：

$$防治效果(\%) = \frac{对照区受害株率 - 处理区受害株率}{对照区受害株率} \times 100$$

$$幼虫防治效果(\%) = \frac{对照区百秆活虫数 - 处理区百秆活虫数}{对照区百秆活虫数} \times 100$$

图 52　玉米螟防效调查

图 53　玉米螟防效调查

表 8　玉米螟绿色防控项目防效数据

调查时间（月/日）	调查地点	调查品种	被害株数	活虫株数	百秆活虫数	蛀孔数	雌穗上孔	雌穗下孔	蛀雌穗	防效（%）	备注

注：受害情况以蛀孔（含蛀秆、蛀穗）计。

九、测产调查

保证抽样真实可靠、公平公正。

1. 取样方法

根据地块自然分布将防治区分片划 5 块,各地块应在不相邻的村或组。每个地块在远离边际的位置(除去边际效应)取有代表性的 3 个样点,样点间不能在相邻地块。每点选取有代表性的 3 行、5 米行长作为样点,并准确丈量收获样点实际面积(行距、行长)。

2. 样品处理

每个样点查数实测面积内的实有株数,计算亩密度。收获全部果穗,计数果穗数目之后,称取鲜果穗重,按平均穗重法取 5 个果穗作为标准样本测定鲜穗出籽率和含水率(图 54 和图 55)。选取有代表性的 3 穗样品留存备查或等自然风干后再校正。

3. 计算公式

$$Y=(666.7 \div S) \times W \times E \times (1-M) \div (1-14\%)$$

其中 Y 为样点亩产量(千克),S 为所取样点面积(米^2),W 为样点全部玉米果穗鲜重量(千克),E 为

图 54　测产调查

图 55　测产调查

样点玉米出籽率（％），M为谷物水分速测仪测定的样点玉米含水率（％）。

4. 防治区平均产量

平均亩产量 = 各样点亩产量之和 ÷ 样点总数。未防治区采用相同的方法进行测产。结果记入表9。

表 9　玉米螟绿色防控项目测产数据

调查日期（月/日）	调查地点	品种	行距（厘米）	密度（株/亩）	样点实测面积S（米²）	样点实测鲜穗重（千克）	出籽率E（%）	含水率M（%）	样点实测亩产Y（千克/亩）

实测平均亩产（千克/亩）

注：含水率（%）为3次测水仪测量的平均值；
　　出籽率（%）＝样品鲜籽粒重/样品鲜果穗重。

参考文献

何振昌.1997.中国北方农业害虫原色图鉴[M].沈阳：辽宁科学技术出版社.

农业部种植业管理司，全国农业技术推广服务中心.2013.农作物病虫害专业化统防统治培训指南[M].北京：中国农业出版社.

全国农业技术推广服务中心.2007.中国植保手册：玉米病虫防治分册[M].北京：中国农业出版社.

徐秀德，刘志恒.2009.玉米病虫害原色图鉴[M].北京：中国农业科学技术出版社.

杨普云，赵中华.2012.农作物病虫害绿色防控技术指南[M].北京：中国农业出版社.